Éléments de base en génétique bactérienne. Résumés de cours avec Questions et Réponses

Adel Amar Amouri

Bibliographic information published by the German National Library:

The German National Library lists this publication in the National Bibliography; detailed bibliographic data are available on the Internet at http://dnb.dnb.de.

ISBN: 9783389092583
This book is also available as an ebook.

© GRIN Publishing GmbH
Trappentreustraße 1
80339 München

Print and binding: Books on Demand GmbH, Norderstedt, Germany
Printed on acid-free paper from responsible sources.

GRIN web shop: https://www.grin.com/document/1504207

MINISTERE DE L'ENSEIGNEMENT SUPERIEUR ET DE LA RECHERCHE SCIENTIFIQUE
FACULTE DES SCIENCES DE LA NATURE ET DE LA VIE
DEPARTEMENT DE BIOLOGIE

ELEMENTS DE BASE

EN GENETIQUE BACTERIENNE

(Résumés de cours avec Questions / Réponses)

BASIC ELEMENTS IN BACTERIAL GENETICS

(Course Summaries with Q&A)

AIDE MEMOIRE

L2 Tronc commun Sciences Biologiques

Avant-propos

Cet Aide mémoire donne une approche empirique et descriptive de base en génétique fondamentale bactérienne. Il est destiné principalement aux étudiants universitaires inscrits en Tronc commun licence sciences biologiques qui veulent s'initier dans ce domaine pour la préparation au programme de génétique approfondie en 2ème Année licence Biologie. Une initiation aux éléments de base de cette discipline ouvre la perspective pour une compréhension approfondie dans le domaine de la génétique microbienne et la virologie.

Cet aide mémoire, peut être un bon outil d'enseignement universitaire.

Biographie :

Dr AMOURI Adel Amar, enseignant chercheur à l'Université d'Oran1. Spécialiste en Génétique, j'ai enseigné aux étudiants dans différents cycles de formation en LMD Biologie dans différentes spécialités avec comme matière principale la Génétique fondamentale, bactérienne, humaine, animale et végétale.

Tables des matières

Introduction

L'étude de la génétique des microorganismes comme les bactéries et les virus s'avère une science importante pour la compréhension du comportement des bactéries vis-à-vis de l'environnement (stress osmotiques, salinité,....) et les changements climatiques qui influent sur l'expression des gènes et donc sur l'adaptation physiologique de ces bactéries. Il faut savoir, que ces bactéries peuvent interagir entre eux et avec les virus bactériens dites (bactériophages).

La connaissance des éléments de base en génétique bactérienne est indispensable pour la compréhension des mécanismes génétiques intervenant lors d'un environnement donné. En faites, les expériences chez les bactéries ont beaucoup aidé à connaître la nature l'information génétique, les structures des gènes et leurs fonction, ainsi que les mutations génétiques touchant le séquences géniques.

Dans les chapitres suivants, nous allons aborder en premier lieu l'aspect cellulaire et génétique d'une bactérie comme *E.coli*. Ensuite, le développement d'une bactérie et la réplication de l'ADN bactérien comme matériel génétique. Enfin, les différents types de transfert du matériel génétique chez les bactéries (contact de l'ADN nu avec une bactérie, contact physique entre deux bactéries différentes sexuellement et contact entre un bactériophage et une bactérie). Nous terminons vers la fin avec des questions – réponses comme éléments de base en génétique.

1. Aspect cellulaire d'une Bactérie :

Les bactéries sont des organismes unicellulaires autonomes. Elles ont un seul chromosome, qui n'est pas contenu dans un noyau, (se sont des procaryotes), comparées à celle des eucaryotes, leur organisation est simple. Une bactérie peut être schématisée comme une solution composée de quelques milliers de particules chimiques peu organisées, enfermées dans un compartiment plus ou moins étanche, et protégée par une paroi rigide. Les bactéries ont des caractéristiques qui en font des organismes pratiques, pour l'étude des processus biologiques fondamentaux, par exemple, elles se multiplient aisément et rapidement, et elles sont peu exigeantes en nutriments comparées aux organismes pluricellulaires. La bactérie qui a été la plus utilisée en biologie moléculaire est *Escherichia coli* (couramment désignée par *E. coli).*

Elle appartient à la famille des *Enterobacteriaceae* : qui sont des bacilles à coloration Gram- du Genre : *ESCHERICHIA*. Son génome est constitué d'une unique molécule d'ADN circulaire de 4,6 millions de paires de bases appelée chromosome bactérien (Freifelder, 1991).

Les cellules sont généralement isolées ou groupées en paires, on observe parfois l'existence de chaînettes. La plupart des souches sont douées de motilité. Ainsi les colonies qui se forment sur gélose nutritive, après une incubation de 24 heures à 37°C, sont normalement rondes, légèrement convexes, blanchâtres et translucides avec une surface luisante, leur diamètre est de 2 à 3 mm. Ces bactéries sont sensibles à l'attaque de petits organismes appelés bactériophages ou simplement phages, ce sont de petites particules appartenant à la classe des virus, qui ne peuvent pas se multiplier qu'à l'intérieur d'une bactérie. Cette espèce en tant que récepteur procaryote, est pratiquement connue de point de vue génétique. Elles permettent l'utilisation d'un très grand nombre de vecteurs, tant bactériophages que plasmides. Elles convient parfaitement pour les travaux fondamentaux, pour la confection de librairie de gènes (dans le but de l'étude de ces gènes) (Figure 1).

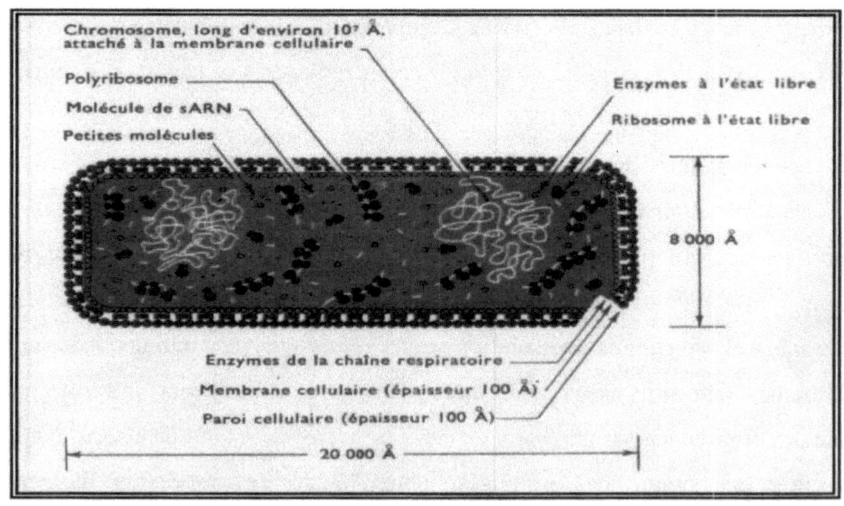

Figure 1 : Vue schématique de la Bactérie *E.Coli*

2. Description succincte du matériel génétique (ADN / ARNm)

La génétique (du grec *genno* = donner naissance) est la science qui étudie les gènes et leurs transmission (hérédité) dont la génétique formelle ou mendélienne initié par Grégor Mendel (1822-1884) (Weiling, 1991). C'est l'ADN qui est le support de l'information génétique qui se transmet d'une génération à une autre. L'Acide Désoxyribonucléique (ADN ou DNA) est une molécule bicaténaire (double brin) présente dans toutes les cellules vivantes (noyau) qui contiennent des informations nécessaires au développement et au fonctionnement d'un organisme vivant, sa structure a été découverte par Crick et Watson en 1953. Chez les procaryotes (bactéries), il y a une seule molécule sous forme de chromosome circulaire. Une séquence d'ADN est une succession de différents de nucléotides (Figure 2).

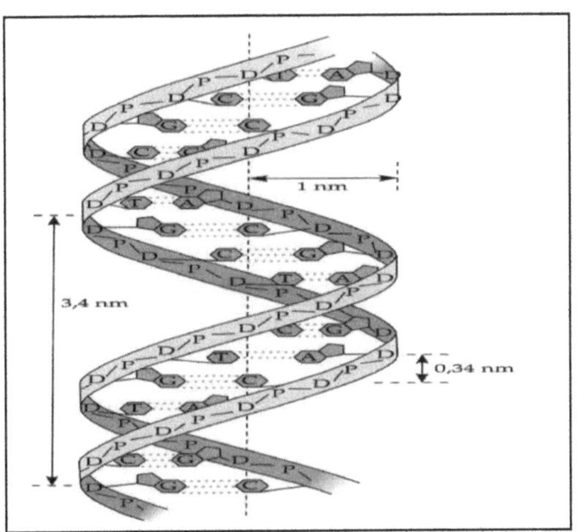

Figure **2.** Structure d'une molécule d'ADN

(Crick et Watson, 1953)

Concernant les ARNs sont des Acides Ribonucléiques monobrins (1 seul brin) qui sont obtenus après transcription de l'ADN avec l'ARN polymérase. Dans la séquence d'ARN en comparaison avec la séquence d'ADN, la thymine est remplacée par Uracile : il y a appariement entre un brin d'ADN et un brin d'ARN : A avec U et G avec C

Il y a différents types d'ARNs :

> ARNr : ARN ribosomique : Participent, avec les protéines ribosomiques, à la formation des ribosomes (molécules nécessaires à la synthèse des protéines)

> ARNt : ARN de transfert : Transfert les acides aminés vers le lieu de synthèse des protéines

> ARNm = ARN messagers : Portent l'information génétique de l'ADN vers le lieu de synthèse des protéines.

> ARNsn = ARN small nuclear : Présent dans le noyau uniquement, participent à la régulation post-transcriptionnelle (Freifelder, 1991).

La traduction de ces ARN conduit à la synthèse ou fabrication des protéines.

3. **La croissance et la division cellulaire bactérienne** :

Après une phase initiale de latence, la croissance *d'E.coli* est dite exponentielle. Les bactéries doublent toutes les 20 mn à 37°c dans des conditions optimales de croissance. Lorsque le substrat et l'oxygène ne sont plus en conditions optimales, la croissance ralentit, puis la culture entre en phase stationnaire. Les bactéries meurent aussi vite qu'elles se divisent. Finalement ce sera la phase de mort cellulaire ou phase de déclin (Figure 4). La vitesse de croissance d'une culture bactérienne peut être appréciée en mesurant sa densité optique à 600 nm. Très approximativement (Ettienne. J., 1996).

Remarque : pour travailler avec un bactériophage en croissance lytique, il est préférable d'utiliser des bactéries en croissance exponentielle, et inversement en phase stationnaire pour favoriser la lysogénie

La reproduction ou la multiplication bactérienne se fait par simple division binaire ou scissiparité d'une cellule en phase de croissance. Cette "fission binaire" est la forme de division cellulaire la plus commune des procaryotes. Chaque cellule bactérienne se divise en deux cellules filles identiques à la cellule mère qui représente des clones (matériel génétique identique). Ce processus ce produit grâce à un mécanisme important qui est la réplication de l'ADN chromosomique circulaire chez la bactérie.

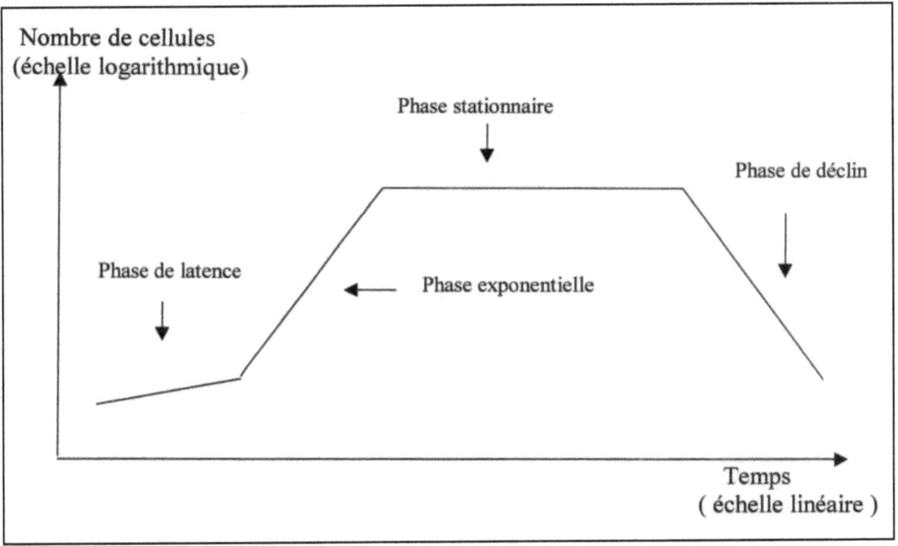

Figure 4 : **Croissance de la Bactérie *E.Coli***

4. Mécanismes de réplication de l'ADN chromosomique bactérien

La genèse du concept de la réplication de l'ADN a débuté par la Lettre de F. Crick à son fils, Mars 1953 :

« Aujourd'hui nous sommes sûrs que l'ADN est un code. C'est-à-dire que c'est l'ordre des bases (les lettres) qui fait qu'un gène est différent d'un autre (tout comme une page imprimée est différente d'une autre). Tu peux donc deviner comment la Nature réalise des copies des gènes. En effet lorsque les deux chaînes se déroulent en donnant ainsi deux chaînes séparées, si chacune de ces chaînes s'associe à une autre chaîne, puisque A va toujours avec T et G avec C, on obtiendra deux copies là où l'on n'en avait qu'une au début. »

Il faut savoir que L'ADN chez les procaryotes est présent dans le cytoplasme alors que chez les eucaryotes est localisé dans le noyau.

Un seul chromosome « circulaire » bactrien est constitué de plusieurs millions de nucléotides avec présence de plasmides (petits morceaux d'ADN circulaires), indépendants de l'ADN chromosomique, appelés aussi Facteur « F » pour facteur de fertilité « synthèse des plis sexuels », mais il y a d'autres types de plasmides.

Les différents acteurs pour la réplication sont :

- L'ADN parental = matrice
- Les nucléotides : sous forme triphosphate (dXTP : ATP, GTP, CTP) comme par exemple l'ATP (Désoxy Adénosine Triphosphate) qui est une source d'énergie. Les nucléotides qui sont l'association de l'acide phosphorique (H_3PO_4) + sucre (désoxyribose) + base azoté (N).
- Les amorces : petits fragments d'ARN qui aide l'ADN polymérase à démarrer la polymérisation et la synthèse des brins fils.
- l'ADN polymérase I qui est la plus abondante (95 %) chez E.coli dans la polymérisation et la réparation de l'ADN
- Les enzymes (séparation des brins, incorporation des nucléotides…) : Les hydrolases qui coupent les liaisons hydrogènes pour séparer les deux brins d'ADN + Une enzyme topoisomérase de types II qui est la gyrase

(déroulasse) qui introduit des supers tours négatifs permettant le déroulement de la double hélice.

- Cofacteurs (ex : Mg++)
- La réplication se déroule de 5' vers 3', de façon complémentaire et antiparallèle
- La réplication est donc bidirectionnelle avec formation d'une fourche de réplication (œil de réplication)

Les étapes de la réplication de l'ADN sont résumées dans la Figure 5 :

Le déroulement de la double hélice et la séparation des brins exige l'intervention des protéines SSB (Single Strand Binding proteins) qui se fixent dans chaque brin d'ADN chez les procaryotes en plus des enzymes comme l'hélicase (En coupant les liaisons hydrogènes en empêchant la renaturation de l'ADN) et la gyrase (une une enzyme topoisomérase de type II) qui introduit des supers tours négatifs afin de dérouler la double hélice d'ADN).

L'enzyme responsable de la réplication de l'ADN est l'ADN polymérase qui a une activité polymérasique (5'vers 3) et exonucléasique pour une correction sur épreuve et élimination des amorces lors de la réplication (5'vers 3' et 3'vers 5) :

- La réplication est discontinue pour l'un des deux brins
- Brin avancé : synthèse continue dans le sens de la propagation
- Brin retardé : synthèse discontinue.

Il faut noter qu'en général, il faut 30 à 45 minutes à une bactérie pour répliquer l'intégralité de son génome. La réplication de l'ADN est dite semi-conservative puisque chaque cellule fille reçoit une moitié de la structure parentale.

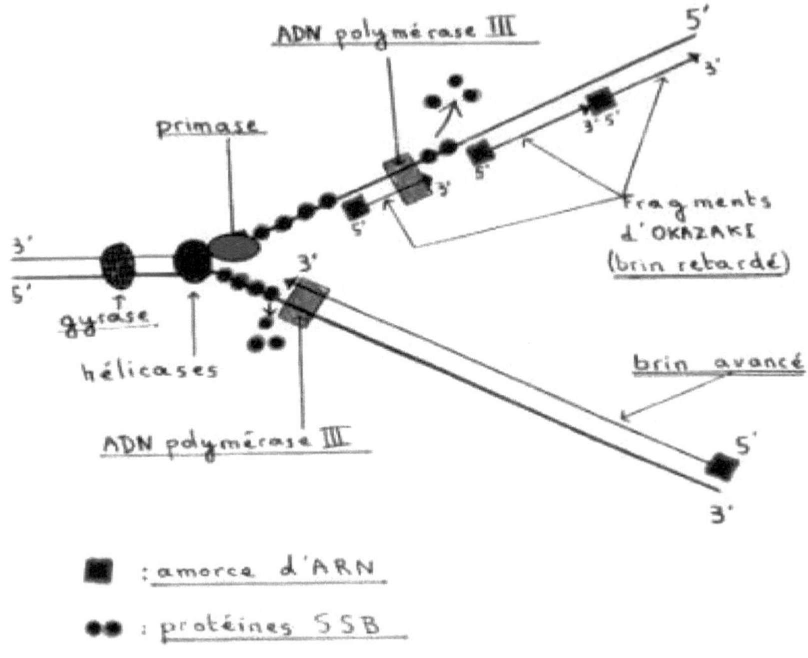

Figure 5 : **Schéma simplifié de la réplication de l'ADN chez *E.coli***

5. Les mécanismes de parasexualité chez les bactéries

Il existe 3 mécanismes majeurs de transfert horizontal de gènes chez les microorganismes comme les bactéries qui ont pour final la cartographie génétique (détermination des distances entre les gènes) :

5.1. La transformation bactérienne

C'est l'incorporation d'ADN nu de l'environnement directement (Exogénote) dans la bactérie réceptrice dite « compétente » c'est-à-dire ayant des récepteurs spécifiques à la surface bactérienne afin d'incorporer l'ADN exogène à l'intérieur de la bactérie pour permettre à ce dernier de s'intégrer dans le chromosome bactérien (Endogénote). Ce mécanisme dit de transformation bactérienne, permet le remplacement d'un gène muté par autre gène capable de s'exprimer chez une bactérie auxotrophe par exemple pour un acide aminé (leu -) incapable de le synthétiser pour devenir après phototrophe (leu+) capable de le synthétiser. L'intégration se fait par le mécanise de recombinaison génétique homologue non réciproque (ADN simple brin) à la différence d'une recombinaison homologue réciproque (ADN double brin) (Figure 6).

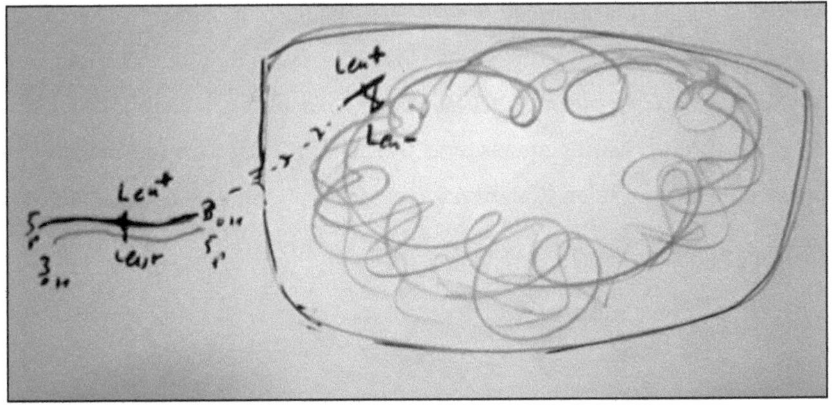

Figure 6 : **Transformation bactérienne.**

La bactérie réceptrice auxotrophe pour l'acide aminé « leucine : leu – » se transforme en leu+ bactérie prototrophe par recombinaison génétique.

5.2. **La conjugaison** :

Le mécanisme de conjugaison unidirectionnel a été mis en évidence en 1946 par Joshua Lederberg et Edward L. Tatum, deux scientifiques américains. La conjugaison bactérienne correspond à un contact physique entre deux bactéries sexuellement différentes, l'une dite donatrice avec un facteur F (Bactérie F+) et l'autre réceptrice dépourvue de ce facteur (Bactérie F-). Ce facteur de fertilité « F » qui est un plasmide conjugatif (petit chromosome circulaire à réplication autonome et indépendant de celui chromosome bactérien) est transmit depuis la bactérie F+ vers la bactérie F- via la formation d'un pli sexuel (pont cytoplasmique) qui permet au transfert de l'ADN et donc la bactérie devient une bactérie F+ (Figure 7). Il faut savoir que les deux types de bactéries possèdent des flagelles qui leur donnent la caractéristique de motilité, c'est-à-dire la mobilité.

5.2.1. **Qu'est ce qu'une bactérie Hfr** ?

En 1953, le chercheur Luca Cavalli-Sforza découvre de nouvelles souches, dérivées de bactéries F^+, capables de transférer des gènes avec une fréquence 1000 fois plus importante. Ces bactéries furent appelées Hfr (Haute fréquence de recombinaison ou en anglais (high frequency of recombinaison), dont le facteur « F » s'est intégré dans le chromosome de la bactérie donatrice F+. Chez *E.coli* par exemple, l'intégration du facteur F peut se faire à différents endroits du chromosome bactérien. C'est dans cet aspect que la bactérie dite Hfr transmet les gènes du chromosome bactérien vers la bactérie réceptrice F- à partir d'une origine de transfert (ori T). Ainsi cette bactérie va acquérir un nouveau phénotype et don un nouveau génotype selon l'interruption et la cassure du pont cytoplasmique (pilli sexuel) .

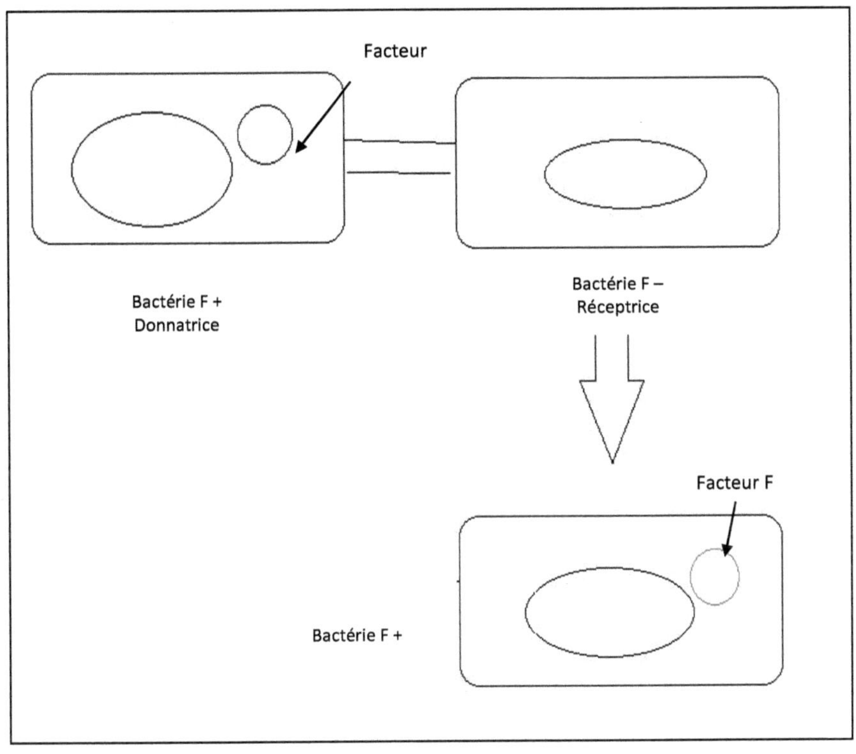

Figure 7 : **La Conjugaison bactérienne**.

5.3. La transduction

En 1951 Lederberg a mis en évidence le mécanisme de transduction qui représente le transfert de matériel génétique d'une bactérie à une autre par l'intermédiaire d'un phage ou bactériophage (virus spécifiques des bactéries). Les phages sont constitués d'une capside où se trouve le matériel génétique (ADN ou ARN) plus d'une queue qui permet l'accrochement à la cellule cible afin d'infecter certaines bactéries et pas d'autres en injectant le matériel génétique à la cellule hôte réceptrice (Ettienne.J., 1996).

Parmi les phages les mieux connus génétiquement est le phage lambda qui infecte *E. coli* . En général, le bactériophage injecte son propre matériel génétique pour détourner le métabolisme de la bactérie en sa faveur en lui permettant de se multiplier en répliquant son propre génome, il peut aussi être un phage transducteur portant un gène codant une substance utile à la bactérie.

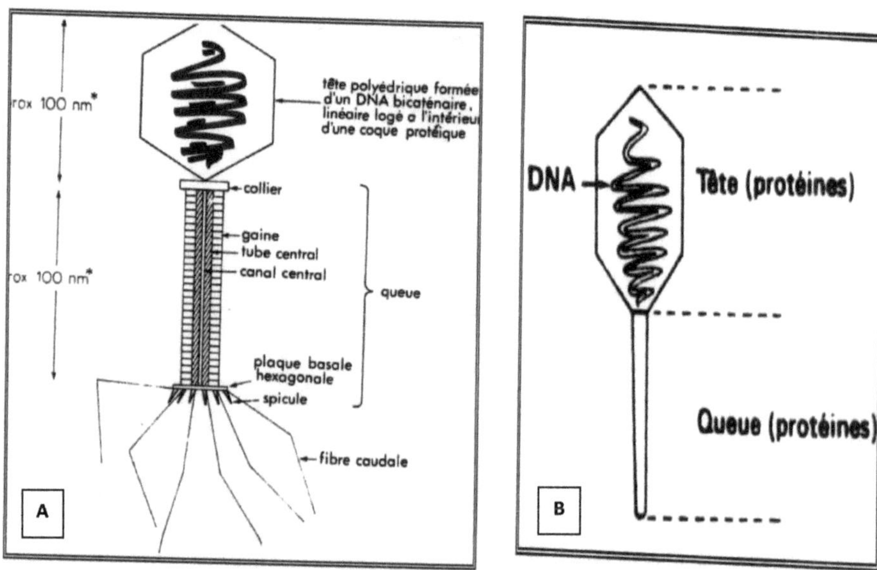

Figure 8 : **Exemple des différents types de phages.**

(A) : phage T4. (B) : phage

5.3.1. **Les différents types de transduction chez les bactéries** :

On retrouve deux grands types de transduction soit la traduction dite généralisée et la transduction spécialisée :

5.3.1.1. **La transduction généralisée :**

Elle est observée chez certains bactériophages comme le phage (phage **PI** et **P22** chez *E.coli* et *salmonella* respectivement) (Neidhart *et al* ., 1994).

5.3.1.2. **La transduction spécialisée ou restreinte** :

Elle est effectuée par certains bactériophages dont le mieux connue le phage lambda (λ) qui est un phage tempéré qui déclenche un cycle lysogènique non lytique. L'ADN de ce phage (λ) s'intégrant de manière spécifique à un endroit du chromosome bactérien entre les gènes « gal » pour galactose et « Bio » pour biotine (vitamine B 8) de l'ADN *d'E.coli,* les gènes voisins pourront éventuellement être transférés dans le cas d'une excision non précise du génome viral lors de l'induction du cycle lysogène ou lytique en formant des plages de lyse avec de nouveaux virions transmettant de nouveaux gènes aux bactéries receveuses (Berg *et al* ., 1993) (Figure **9**).

L'ADN du phage (λ) dit tempéré reste à l'état dormant intégré dans le génome bactérien (cycle lysogène), lors d'une induction physique (UV) ou chimique (Mitomycine C et les quinolones qui sont des antibiotiques), il y a désintégration de l'ADN du phage et déclenchement du cycle lytique (Amouri, 2001).

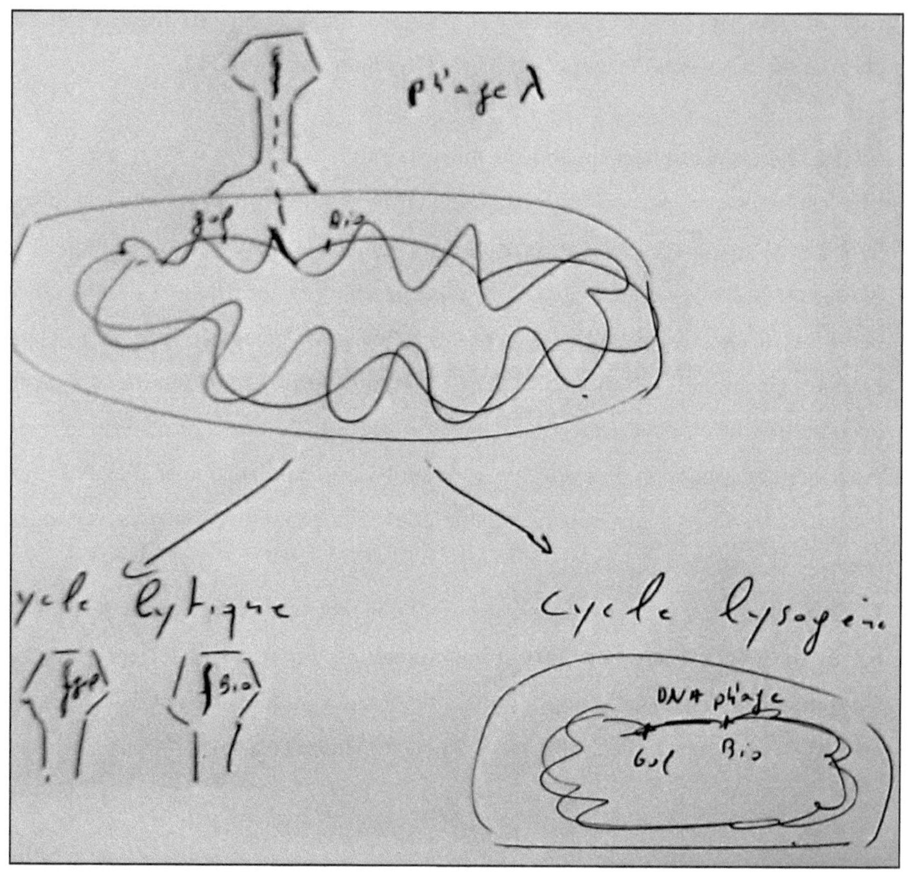

Figure 9 : **Exemple de transduction spécialisée du phage lambda chez *E.Coli*.**
Le bactériophage injecte son ADN viral et s'insère entre les gènes Gal (Galactose) et Bio (viatmine biotine)

6. Questions / Réponses :

La partie questions / réponses suivantes représentent des questions de base que je pose à mes étudiants afin de comprendre ultérieurement tout ce qui est approfondie en génétique en plus des questions comme complément d'information de ce présent cours..

Q.1 : Pourquoi l'ADN est sous forme double brin ?

R .1 : L'ADN est sous forme double brin (complémentaires) car c'est la seule forme qui peut lui donner son **stabilité** pour conservation et transmission d'une génération à l'autre car est le support de l'information génétique.

Q.2 : Quelles sont les nucléotides purines et pyrimidines ?

R.2 : Les purines sont : Adénine (A) et Guanine (G) : deux cycles

Les pyrimidines sont : Cytosine (C) + Thymine (T) + Uracile (U) dans l'ARNm

Nb : *Un moyen mnémotechnique pour déterminer les pyrimidines (la lettre y)*

Q.3 : Quelles sont les caractéristiques d'une molécule d'ADN ?

R.3 : Il y a trois caractéristiques principales de l'ADN :

* Forme **hélicoïdale** (double hélice)

* Deux brins **complémentaires** (purine avec pyrimidine et vice versa : A-T ; C-G)

* Deux brins **antiparallèles** (5'- 3' et 3' – 5')

Q.4 : Soit une molécule d'ADN contenant 60 % GC. Quelle est le % de Guanine (G) et de Cytosine(C) dans chaque brin d'ADN ? Déduisez le % en AT.

R.4 : Sachant que les deux brins d'ADN sont **complémentaires** (autant de G que de C et autant de A que de T)) donc il y a 60 % C et 60 % de G.

Le % en AT = 100 % - 60 % = 40 % (AT)

Q.5 : Quelle est le mode réplication de l'ADN ?

R.5 : Le mode de réplication de l'ADN est le mode **semi-conservatif** : la molécule d'ADN néoformée contient un brin ancien et un brin nouveau

Q.6 : Combien y a-t-il d'origines de réplication chez les procaryotes (bactéries) par rapport aux eucaryotes ?

R.6 : Chez les bactéries il y a une seule origine de réplication (**chromosome circulaire**) alors que chez les eucaryotes, il y a plusieurs origines (**chromosome linéaire**).

Q.7 / R.7 : **Lors de la conjugaison bactérienne, dites quelles sont les rencontres possibles pour un transfert génétique ?**

  * F+ x F+: impossible

  * F+ x F- : possible (transfert du facteur F)

  * F- x F- : impossible

  * Hfr x F+: impossible

  * Hfr x F-: possible (transfert des gènes du chromosome bactérien)

  * Hfr x Hfr : impossible

Q.8 : **Comment appelle-t-on une bactérie lors de la transformation bactérienne ?**

R.8 : Une bactérie compétente (aptitude à recevoir un ADN étranger avec des récepteurs spécifiques).

Q.9 : **Quelle est la différence entre une bactérie prototrophe et une bactérie auxotrophe pour une acide aminée leucine (Leu) :**

R.9 : Une bactérie prototrophe peut synthétiser l'acide aminée leucine (leu+), alors que la bactérie auxotrophe ne peut pas synthétiser l'acide aminée leucine (Leu-).

Q.10 : **Quelles sont les facteurs qui permettent le passage d'un cycle lysogènique à un cyclez lytique lors de l'infection d'une bactérie réceptrice par un bactériophage (λ) ?**

R.10 : lors la transduction spécialisé par exemple, ce sont les facteurs physiques comme les rayons ultraviolets (UV) ou bien les facteurs chimiques comme la Mitomycine C la famille des quinolones (antibiotiques).

Q.11 : **Qu'est ce qu'un phage transducteur ?**

R.11 : C'est un phage qui lors de la désintégration de l'ADN phagique à partir du chromosome bactériens (cycle lysogénique), et à cause d'une excision imprécise, le phage va transporter avec lui un nouveau gène (nouveau caractère ou phénotype) qui sera transmis à une bactérie réceptrice ayant un gène muté remplacé par le nouveau gène transmit par le phage transducteur lors d'une nouvelle infection (bactérie auxotrophe devient prototrophe)

Q.12 : **Qu'est ce qu'une mutation génétique ?**

R.12 : Une mutation génétique correspond au changement de nucléotides au sein d'une séquence génique.

Q.13 : **Quelles sont les différents types de mutations ?**

R.13 : On distingue des mutations dites spontanées (naturel) ou bien des mutations induites par un agent mutagène ou génotoxique (physique ou chimique).

Q.14 : **Lors d'une mutation touche une séquence nucléotidique, quels types changements peut-on s'attendre ?**

R.14 : On peut avoir plusieurs types de mutations :

* Addition ou délétion de nucléotides.

* Substitution : changement d'un nucléotide par un autre nucléotide (transition ou transversion) :

> * La transition consiste à un changement entre la même famille
>
> (Purine – purine ou pyrimidine – pyrimidine).
>
> * La transversion consiste à un changement entre différentes familles
>
> (Purine – pyrimidine ou pyrimidine – purine).

* Mutations dites non sens (codon stop) et mutations faux sens (changement d'un acide aminé par un autre).

Exercice d'Application sur la Réplication de l'ADN chez *E.Coli*

Utilisez les termes suivants pour compléter les espaces manquants des phrases ci-dessous :

polymérase I / primase/ ADN polymérase III/ brin retardé ou secondaire/ protéine DnaB/ fragments d'Okazaki/ amorces/ protéines SSB /brin avancé ou principal /ADN ligase /Hélicase

Une ...., activée par l'hydrolyse de l'ATP, déroule l'hélice avec l'aide probable des .... (Single Strand Binding) qui, en se fixant sur les régions simple-brin, les stabilisent. Le démarrage de la réplication nécessite, sur les deux brins, la synthèse d'.......... ARN résultant de la transcription de séquences d'ADN par la ....

L'..................... ne fait ensuite qu'allonger cette amorce par addition de nucléotides à l'extrémité 3'OH de l'amorce.

La polymérisation ne s'opère que dans le sens 5'□3'. Comme les deux brins d'ADN sont antiparallèles, un des brins en formation, le ...., s'allonge de façon continue dans le sens 5'□3', sens de déplacement de la fourche de réplication. L'autre brin, le ...., se forme de façon discontinue par de petits fragments d'ADN dont la synthèse est à chaque fois amorcée dans le sens 5'□3', c'est-à-dire en sens inverse du déplacement de la fourche de réplication.

La ....se déplace le long du brin parental qui est la matrice du brin retardé sur lequel elle effectue une réaction de préamorçage qui permet à la .... de synthétiser l'amorce d'ARN. Les petits oligonucléotides d'ARN (environ 12 nt) sont ensuite allongés par l'ADN polymérase III en petites séquences d'ADN, les .... Le brin principal n'est amorcé qu'une seule fois et le brin retardé au début de chaque fragment d'Okazaki. Quand l'ADN polymérase III arrive à l'extrémité 5' de l'amorce précédente, elle est remplacée par la .... qui agit d'abord comme une exonucléase en dégradant l'ARN dans le sens 5'□3', puis comme une polymérase en remplaçant l'amorce ARN par l'ADN. Les différents fragments d'ADN du brin retardataire sont ensuite réunis par l'enzyme .... C'est une enzyme qui va établir une liaison phosphodiester entre une extrémité 5' monophosphate d'un fragment d'ADN et l'extrémité 3' hydroxyle d'un fragment adjoint sur le même brin.

Chez les procaryotes (*E. coli)*, trois ADN polymérases sont connues. Ce sont les polymérases I, II et III toutes indispensables pour la réplication. Elles possèdent non seulement une activité de polymérisation dans le sens 5'□3' mais également une activité exonucléasique dans le sens 3'□5', qui permet d'assurer la correction immédiate d'erreurs d'appariement au moment de la réplication. L'ADN polymérase I possède de plus une activité exonucléasique dans le sens 5'□3' indispensable pour le remplacement des amorces au moment de la réplication du brin retardé.

Correction de l'exercice (Solution)

Une hélicase, activée par l'hydrolyse de l'ATP, déroule l'hélice avec l'aide probable des protéines SSB (Single Strand Binding) qui, en se fixant sur les régions simple-brin, les stabilisent. Le démarrage de la réplication nécessite, sur les deux brins, la synthèse d'amorces ARN résultant de la transcription de séquences d'ADN par la primase. L'ADN polymérase III ne fait ensuite qu'allonger cette amorce par addition de nucléotides à l'extrémité 3'OH de l'amorce.
La polymérisation ne s'opère que dans le sens 5'□3'. Comme les deux brins d'ADN sont antiparallèles, un des brins en formation, le brin avancé ou principal, s'allonge de façon continue dans le sens 5'□3', sens de déplacement de la fourche de réplication. L'autre brin, le brin retardé ou secondaire, se forme de façon discontinue par de petits fragments d'ADN dont la synthèse est à chaque fois amorcée dans le sens 5'□3', c'est-à-dire en sens inverse du déplacement de la fourche de réplication. La protéine DnaB se déplace le long du brin parental qui est la matrice du brin retardé sur lequel elle effectue une réaction de préamorçage qui permet à la primase de synthétiser l'amorce d'ARN. Les petits oligonucléotides d'ARN (environ 12 nt) sont ensuite allongés par l'ADN polymérase III en petites séquences d'ADN, les fragments d'Okazaki. Le brin principal n'est amorcé qu'une seule fois et le brin retardé au début de chaque fragment d'Okazaki. Quand l'ADN polymérase III arrive à l'extrémité 5' de l'amorce précédente, elle est remplacée par

la polymérase I qui agit d'abord comme une exonucléase en dégradant l'ARN dans le sens 5'□3', puis comme une polymérase en remplaçant l'amorce ARN par l'ADN. Les différents fragments d'ADN du brin retardataire sont ensuite réunis par l'enzyme ADN ligase. C'est une enzyme qui va établir une liaison phosphodiester entre une extrémité 5' monophosphate d'un fragment d'ADN et l'extrémité 3' hydroxyle d'un fragment adjoint sur le même brin.

Chez les procaryotes (*E. coli)*, trois ADN polymérases sont connues. Ce sont les polymérases I, II et III toutes indispensables pour la réplication. Elles possèdent non seulement une activité de polymérisation dans le sens 5'□3' mais également une activité exonucléasique dans le sens 3'□5', qui permet d'assurer la correction immédiate d'erreurs d'appariement au moment de la réplication. L'ADN polymérase I possède de plus une activité exonucléasique dans le sens 5'□3' indispensable pour le remplacement des amorces au moment de la réplication du brin retardé.

ADN (acide désoxyribonucléique) :

Molécule dont les gènes responsable de la structure et de la fonction des organismes vivants sont constitués, elle permet la transmission de l'information génétique d'une génération à l'autre.

ARN (acide ribonucléique)

Acide nucléique formé à partir d'une copie d'ADN et contenant le ribose au lieu du désoxyribose. l'ARN messager (ARNm) est l'ARN à partir du quel les polypeptides sont synthétisées. l'ARN de transfert (ARNt), en coopération avec les ribosomes, sélectionne les acides aminés activé à partir de la copie d'ARN messager .l'ARN ribosomique (ARNr), un composant des ribosomes, fonctionne comme un site non spécifique de la synthèse polypeptidique.

ARN polymérase

Enzyme qui synthétise l'ARN à partir d'une copie d'ADN.

Bactériophage

Virus qui infecte une bactérie. Utilisé en biologie moléculaire comme vecteur de clonage.

Biotechnologie :

Ensemble des méthodes et techniques qui utilisent des organismes vivants ou leurs composants pour fabriquer ou modifier des produits, pour améliorer des végétaux ou des animaux, ou pour développer des micro-organismes destinés à des applications spécifiques.

Carte génétique

Représentation de la localisation chromosomique des gènes.

Carte de restriction

Ordonnancement des sites de restriction présents sur un segment déterminé de DNA.

Capside

Emballage protéique des génomes viraux.

Clonage moléculaire

Recombinaison in vitro d'un gène, et par extension d'un fragment de DNA codant ou non, avec vecteur se répliquant de manière autonome à l'intérieur d'une cellule hôte.

Cohésive (extrémités)

Courte séquence de DNA simple brin à l'extrémité d'un double-brin capable de se réassocier avec des extrémités complémentaires

Cos

Extrémités cohésives du phage lambda.

Cellule hôte :

Cellule hébergeant un matériel génétique étranger apporté par un virus, un plasmide, un ADN recombiné in vitro, ou une cellule entière.

Clone :

Cellule isolée, maintenue en culture et répliquée à l'identique pour permettre des études de biologie moléculaire et cellulaire.

Clonage :

Méthode de multiplication cellulaire in vitro par reproduction asexuée aboutissant à la formation d'individus génétiquement identiques appelés clones.

Conjugaison :

Transfert naturel d'ADN plasmidique ou chromosomique d'une cellule bactérienne à une autre par l'intermédiaire d'un pont cytoplasmique. Par extension, on parle de clonage de gènes pour désigner la technique d'isolement et d'amplification de fragments d'ADN dans un clone cellulaire.

Chromosome :

Structure contenue au sein du noyau des cellules de tous les êtres vivants, observable au cours des divisions cellulaires et porteuse de l'information génétique. C'est un constituant cellulaire formé d'une molécule d'ADN enroulée et associée à des protéines appelées histones.

Coloration de gram : il s'agit d'une méthode permettant de différencier les bactéries en fonction de leur capacité de coloration variant selon la composition de leur paroi.1 Ainsi, les bactéries colorées en bleu-violet seront dites à Gram positif et celles en rose à Gram négatif.

Division cellulaire :

La division cellulaire est le processus fondamental par lequel une cellule mère donne deux cellules filles identiques entre elles. La division cellulaire est un processus essentiel et vital pendant toute la vie de l'organisme adulte.

Endonucléase de restriction

Enzyme dérivée des bactéries capable de reconnaître une séquence spécifique d'ADN et de couper la molécule d'ADN (double brin) à l'intérieur d'un site de reconnaissance ou dans un site tout proche.

Eucaryote

Un organisme unicellulaire ou multicellulaire ont un noyau avec une membrane nucléaire et d'autres structures spécialisées.

Gène

Unité de l'hérédité ; en termes moléculaire, une séquence d'ADN chromosomique qui est nécessaire pour la production d'un produit fonctionnel. Unité d'information génétique occupant une position spécifique (locus) dans le chromosome. Un gène est un segment d'ADN qui comprend la séquence codant pour une protéine, et les séquences qui en permettent et régulent l'expression. Les gènes déterminent ou influent sur l'expression du phénotype de l'être vivant (formes, couleurs, aptitudes diverses…). L'ensemble des gènes constitue son génome, ou patrimoine génétique (en anglais germplasm), héréditaire.

Gène de régulation

Gène qui code pour un ARN ou une protéine qui régule l'expression d'autres gènes.

Gène de structure

Gène qui code pour un ARN ou une protéine.

Génétique

Déterminé par les gènes a ne confondre avec congénital.

Génome

Ensemble des gènes, patrimoine héréditaire contenu dans chaque cellule de tout organisme vivant. Séquence complète d'ADN contenant la totalité de l'information génétique, d'un gamète d'un individu d'une population ou d'une espèce.

Génotype

Constitution génétique d'un individu ou ensemble des caractères génétiques d'un individu. Son expression conduit au phénotype (génome plus spécifiquement les allèles d'un locus).

Gyrase

Type de topoisomérase de type II *d'E.coll* ; créant des super tours négatifs pour le déroulement de DNA lors de la réplication ou la transcription.

Histones

Protéines associées à l'ADN dans les chromosomes

Hybridation moléculaire

Appariement par complémentarité des bases (G-C et A-T) de deux séquences nucléotidiques complémentaire. Le duplex formé peut être de type DNA/DNA , de type DNA/ARN ou de type ARN/ARN.

Locus

Position d'un gène sur un chromosome, différents formes d'un gène (allèles) peuvent occuper un locus.

Lysogènie

Possibilité pour un phage de se maintenir sous une forme intégrée (prophage) dans chromosome bactérien sans entraîner de phénomène lytique .

Mutation

Tout changement permanent et héritable dans la séquence de l'ADN gènomique

Nucléotide

Molécule composé d'une base aminée, d'un sucre à 5 carbones, et d'un groupement phosphate. L'acide nucléique est un polymère d'un grand nombre de nucléotides.

Opérons

Unité d'expression de gènes bactériens constituée de gènes de structures (cistrons) et de séquences CIS (opérateur, promoteur) cibles de facteurs transregulateurs (répresseur).

Paire de base (pb)

Paire de base nucléotides complémentaires dans un DNA double brin. Utilisé comme unité de mesure de la longueur d'une séquence d'ADN.

Plasmide :

Molécule d'ADN extrachromosomique capable de se répliquer indépendamment et portant des caractères génétiques non essentiels à la cellule hôte. Voir épisome

Plasmide recombiné :

Plasmide dans lequel a été inséré un fragment d'ADN étranger.

Phage

Voir bactériophage

Précoce (gène)

Catégorie des gènes viraux immédiatement transcrits et traduits des la pénétration cellulaire, certain produits de ces gènes induisent la réplication virale, survie de l'expression des gènes tardifs.

Promoteur

Région de DNA en amont des gènes comportant le site de fixation de la RNA polymérase ainsi que les sites de fixation de protéines régulatrices la transcription.

Recombinaison génétique :

Echange entre séquences homologues de deux chromosomes conduisant à l'apparition dans une cellule ou dans un individu, de gènes ou de caractères héréditaires dans une association différente de celle observée chez les cellules ou individus parentaux.

Rec A

Gène *d'E.coui* impliqué dans les phénomènes de recombinaison-réparation.

Sites de restriction

Courte séquence d'ADN qui peut être reconnu et coupée par une endonucléase de restriction.

Transformation génétique :

C'est la modification héréditaire d'un génome à la suite de l'intégration d'une séquence d'ADN (transgène).

Tardifs (gène)

Gènes viraux s'exprimant après le déclenchement de la réplication du génome viral.

Traduction

Synthèse d'un polypeptide à partir d'une copie d'ARN messager.

Transcription

Synthèse d'une molécule d'ARN simple brin catalysé par l'ARN polymèrase à partir d'une copie d'ADN dans le noyau cellulaire.

Transfection

Transfert d'un gène ou d'un ADNc (près du promoteur) dans une cellule, permettant à la cellule transfectée de former un nouveau produit génique.

Vecteur

Séquence nucléotidique capable de s'autorépliquer, utilisée pour la recombinaison in vitro du DNA et son amplification extra-chromosomique (clonage) (plasmide, bactériophage, rétrovirus).

1-Etapes de la coloration de GRAM :

1. Préparation de frottis bactérien :

On dépose sur une lame propre une goutte distillée, puis on prélève une partie de la colonie qu'on étale bien, on sèche la lame à la flamme jaune puis on fixe à la flamme bleue.

Coloration :

On couvre la préparation au violet de gentiane pendant une a deux min.

On verse le colorant et on ajoute le lugol qu'on laisse agir pendant 30s et on répète la même opération une autre fois.

On verse l'alcool goutte à goutte, puis on rince avec de l'eau distillée.

On couvre la préparation par la fushine et on laisse agir pendant une à deux minutes, puis on rince avec de l'eau distillée.

Après séchage on passe à l'observation microscopique à l'immersion.

2 - Etapes de la coloration simple :

On prépare le frottis bactérien :

On verse quelques gouttes de bleu de méthylène qu'on laisse agir pendant deux minutes. On rince à l'eau distillée et on sèche a la flamme du bec bunsen.

L'observation microscopique s'effectue à l'immersion

Manipulation

Techniques d'ensemencement

L'ensemencement consiste à déposer dans un milieu neuf des germes prélevés dans un milieu de culture mère. Le transport est en général effectué avec un fil nichrome (= aiguille à ensemencer) ou avec une pipette pasteur.

1-Méthode d'ensemencement avec le fil nichrome

Régler la flamme du bec bunzen autour de la flamme existe une zone stérile (1-2cm). C'est seulement dans cette zone que pourront être débouché les tubes contenant des milliers de culture stérilisés ou les tubes mères ; tout autre instrument devant resté stérile sera également maintenu dans cette zone.

Prendre le tube contenant la culture mère dans la main gauche. Déboucher dans la zone stérile est gardé le coton dans la main. Flamber l'ouverture du tube.

Prendre également stérilisé contenant de milieu de repiquage dans la main gauche. Tenir le bouchon dans la main. Flamber l'ouverture du tube.

Stériliser l'aiguille à ensemencer en la portant au rouge de la flamme de bec bunzen. La refroidir dans le tube stérile.

- Prélevé un inoculum de culture et le repiquer rapidement dans le tube vierge sans passer dans la flamme. Rester toujours dans la zone stérile autour du bec de gaz.

Repasser dans la flamme l'aiguille à ensemencer en la portant au rouge.

L'aiguille est prête pour un nouvel ensemencement.

- flamber l'ouverture des tubes.

- Flamber légèrement les cotons. Boucher en enfonçant les cotons.

2 Méthode d'ensemencement avec la pipette pasteur

Les manipulations se différencie des précédentes par quelques détails : la pipette est passait rapidement dans la flamme.

L'effilure est cassée à la pince dans la zone stérile.

Aspirer les bouillons de culture.

Souffler pour ensemencer dans le tube stérile.

La pipette ne sert qu'une seule fois.

3. Techniques d'isolement

1- Techniques d'isolement

Pour étudier les micro-organismes, il est indispensable de les isoler et d'en faire une culture pure . Deux techniques sont utilisées :

    La méthode des stries.

    La méthode des dilutions.

Toutes les expériences seront réalisées avec un mélange bactérien dont on isolera chaque espèce. (*E.coll*).

A. Méthode des stries

Utiliser des boîtes de pétri contenant un milieu de culture solidifié de type gélose nutritive.

B. Dilution en milieu liquide

Les dilutions sont faites de l'eau distillé où de préférence dans une solution de NaCl 9 pour 1000 ou mieux dans une solution physiologique de type Ringer.

Références bibliographiques.

Amouri, A.A. (2001). Mémoire de fin d'étude supérieure en Génétique. Thème : Induction du bactériophage (λ) chez la bactérie lysogène *E.coli*. Université d'Oran, Algérie p 61

Ettienne, J. (1996). Biochimie génétique et biologie moléculaire, PP : 87-96

Freifelder, D. (1991). Biologie moléculaire PP 234-262.

Lederberg, J., Lederberg, E. M., Zinder, N. D., and Lively, E. R. (1951). Cold Spring Harbor Symposium on Quantitative Biology, **16**, 413

Neidhart, F., et al. (1994). Physiologie de la cellule bactérienne. Une approche moléculaire, PP : 260-339 (édition MASSON).

Watson, J. D. and Crick, F. H. (1953). « A Structure for Deoxyribose Nucleic Acid » *Nature*, n° 4356 vol. 171, April 25, , 737-738.

Weiling F (1991). Historical study: Johann Gregor Mendel, 1822–1884. *Am J Med Genet*; **40:1–25**

SUR GRIN VOS CONNAISSANCES SE FONT PAYER

- Nous publions vos devoirs
  et votre thèse de bachelor et master

- Votre propre eBook et livre –
  dans tous les magasins principaux du monde

- Gagnez sur chaque vente

Téléchargez maintentant sur www.GRIN.com
et publiez gratuitement